Le Premier

Quart de Siècle

de la

Tour Eiffel

PAR

Ch.-Éd. GUILLAUME

CORRESPONDANT DE L'INSTITUT

PARIS

SOCIÉTÉ ASTRONOMIQUE DE FRANCE

28, RUE SERPENTE

1914

Souvenir of the meeting of a
charming citizen of La Belle de Fra[nce]
on Apple Trees.

A James Nathan
Chairman Prop[ri]etors Commi[ttee]
June 3 1914

Le Premier Quart de Siècle

de la

Tour Eiffel

LA TOUR EIFFEL
pendant l'orage du 3 juin 1902, à 9 h. 20 du soir. (Cliché G. LOPPÉ.)

Le Premier Quart de Siècle

de la

Tour Eiffel

ALLOCUTION PRONONCÉE A LA FÊTE DU SOLEIL

LE 22 JUIN 1912

PAR

Ch.-Éd. GUILLAUME

CORRESPONDANT DE L'INSTITUT

PARIS

SOCIÉTÉ ASTRONOMIQUE DE FRANCE

28, RUE SERPENTE

1913

Le Premier Quart de Siècle

de la

Tour Eiffel

A la Fête du Soleil, nous voulons associer ce soir la Tour où, depuis huit ans, nous nous réunissons dans une commune pensée, pour célébrer les bienfaits de l'Astre du jour.

La Tour arrive, en effet, à la vingt-cinquième année de son âge ; elle fête son premier jubilé, nous le fêtons avec elle ; et, pour cela, nous allons retourner à ses origines, puis redescendre le cours de ces vingt-cinq années pendant lesquelles elle a étonné le monde ; parler de sa construction, des conditions de son existence même, enfin, et surtout, des services éclatants qu'elle ne cesse de rendre à la science et à l'humanité.

A chaque époque appartient sa formule architecturale, dont un idéal sans cesse en évolution nous a laissé l'inappréciable héritage : les pyramides majestueuses de blocs amoncelés, et les sphinx géants, qui, depuis huit mille ans, sourient avec mystère; les temples superbes que soutiennent les éléphants; les frontons où, dans le marbre de Paros, voisinent les dieux et les héros; les minarets, ornement et protection des cités; l'abondante floraison des cathédrales, splendides témoins de l'idéal mystique. Tout ce que la pierre pouvait exprimer de pensée pieuse ou magnifique, les siècles écoulés nous l'ont laissé avec profusion.

Au siècle du fer appartient la Tour, la Tour gigantesque.

La seule annonce de son projet fit passer dans le monde entier un frisson de surprise et presque d'effroi. Et quoi? monter cinq fois plus haut que Notre-Dame, quatre fois au-dessus du Panthéon, doubler Rouen ou Saint-Pierre, n'était-ce point tenter Dieu?

Les pessimistes, les timorés, prédirent les pires catastrophes; on se souvint de la Tour de Babel; on rappela qu'elle avait confondu le langage des peuples. Mais l'événement n'a pas donné raison à ces craintifs; quelques mots nouveaux ont surgi, pour exprimer des notions nouvelles; cependant, à l'ombre de la Tour, on se comprend toujours; même plus que jamais peut-être, les Parisiens s'entendent à demi-mot.

* *

Pour entreprendre une œuvre dont il n'existait pas de précédent, il fallait une foi solide; il fallait cette foi que donne à l'ingénieur la connaissance des propriétés de la matière, magnifiée par un calcul rigoureux; il fallait aussi d'abondantes ressources; enfin, il fallait la grande pratique acquise dans des travaux analogues, et que l'on pourrait appeler les travaux d'approche de la Tour.

Tout cela, M. Eiffel le possédait à un haut degré. Le pont du Douro, celui de Szegedin, le viaduc de Garabit contenaient déjà les éléments constitutifs de la Tour future.

Le viaduc de Garabit en particulier, avec ses piliers de fer qui soutiennent un long tablier, avec son arc immense, monté en porte-à-faux et rejoint au centre, préparait merveilleusement la Tour projetée. Et, en un jour du printemps 1887, on vit une nuée d'ouvriers fouiller

L'arc immense de Garabit, s'élevant des bords escarpés de la rivière, est prêt à se fermer.

le sol du Champ-de-Mars, d'où peu après des fondations surgirent comme par enchantement.

De chaque pilier de pierre, commencèrent à s'élever obliquement quatre poutres, bientôt réunies par un treillis. Lorsque leur hauteur les rendit chancelantes, on les soutint par un échafaudage. Mais ce fut, pour tous ceux qui assistèrent à cette montée, une impression profonde, de la voir se prolonger ainsi sans un heurt, sans un accident, en une lente et sûre ascension.

Enfin, les quatre pieds furent rassemblés par un tablier, qui devait offrir une solide assise aux étages supérieurs;

le premier étage était achevé, la première grosse difficulté était vaincue.

*
* *

Vue du premier étage, la construction offrait encore l'aspect d'un inextricable fouillis de bois et de fer enchevêtrés; c'est un peu plus tard seulement, que le dessin harmonieux et simple de la Tour commencée s'affirma aux yeux de tous.

Alors on discuta sur sa beauté. Les hommes de science, les ingénieurs, la trouvaient admirable; les artistes, les critiques, au contraire, la vouaient, pour la plupart, à l'exécration des âges futurs.

Il y eut la célèbre protestation des trois cents maîtres contre la Tour de 300 mètres. Par avance, ils la déclaraient abominable. Mais, pouvait-on leur dire : Quelle est donc la formule de l'immuable beauté? Si elle était unique et aisément définissable, auriez-vous laissé souffrir de la faim Millet? — lui dont les moindres œuvres valent aujourd'hui des fortunes.

Certes, les carrosses royaux sont de jolis objets; mais les puissantes locomotives ont aussi leur beauté, la beauté sévère de tout organisme parfaitement adapté à son but. Les canons agrémentés d'animaux fantastiques, les cercles astronomiques que supportaient des anges ou des dragons ne furent-ils pas admirés? Et pourtant, combien ne trouvons-nous pas supérieurs en beauté, dans leur simplicité parfaite, le tube d'un canon de cent tonnes ou les grandes lunettes de nos observatoires, dont les cercles fixent avec précision les directions de l'espace.

A ce point de vue particulier de l'adaptation, la Tour Eiffel est une œuvre de toute beauté. Qu'on examine de près sa structure, et l'on verra les fers qui la composent se réunir en un grand nombre de points, centres des efforts qu'ils supportent et distribuent; on se rendra compte alors du fait que rien n'y est superflu; qu'au contraire, toute la matière y est répartie de la façon la plus harmonieuse et la plus réellement utile.

La Tour est ainsi le symbole d'une organisation sociale où chacun travaille et où personne n'est surchargé : quelque chose comme la société des fourmis ou des abeilles, mais sûrement pas la société humaine, où trop d'êtres ploient sous le faix, alors que d'autres sont oisifs. On ne saurait contempler ainsi la Tour sans en tirer une leçon morale de valeur permanente.

Sa hauteur, cependant, continuait à surprendre. Du fond de leurs vallées, les jurassiens la comparaient à leurs montagnes; et, des collines avoisinant Paris, on suivait les étapes de sa croissance, guettant le moment où elle percerait les nues.

Mais cette hauteur même lui attira — faut-il s'en étonner? — les foudres du poète des humbles. Sous la Révolution, on avait abattu les clochers qui s'élevaient orgueilleusement au-dessus de l'humble demeure des sans-culottes. Que pouvait-on penser de la Tour? elle qui dépassait de tant les clochers.

François Coppée la regarda par ses petits côtés; il multiplia ses imprécations; il pensa la stigmatiser en s'écriant : « On y montera pour cent sous! »

Les poètes sont parfois prophètes. Coppée, cette fois, y fit exception; il ne prévit pas que les membres de la Société astronomique de France trouveraient périodiquement sur la Tour la plus gracieuse hospitalité.

Mais il y eut une glorieuse contre-partie. Dans cette immense attraction que fut l'Exposition de 1889, la Tour

eut sa grande part. Chacun voulait la voir, chacun voulait
y monter. De partout, on accourut pour contempler, de son
sommet, l'immense fourmilière parisienne ; deux millions
de visiteurs la gravirent dans cette seule année ; et les
Anglais, habiles aux appellations pittoresques, déclarèrent
M. Eiffel : *Le grand Touriste*.

Les illuminations de la Tour donnèrent à toutes les

La Tour fut de toutes les fêtes.

fêtes une splendeur inattendue. Ce fut pour tous un
éblouissement.

Il y eut aussi, sur elle, des vers enthousiastes ; il y en
eut même d'hyperboliques, tels les suivants, dont l'auteur
ne s'est pas fait connaître :

> . . . .
> Et l'on dit que tout en haut,
> On verra jusqu'au Congo,
> Brazza chasser la gazelle,
> De la Tour Eiffel(le).

Il y en eut d'une ironie douce, comme ceux que l'on a pu lire, en 1889, sur un arc de triomphe érigé à la Tour-de-Peilz, à l'occasion de la Fête des Vignerons :

> En ces lieux calmes et champêtres,
> On reconnaît la main du temps ;
> La Tour Eiffel a trois cents mètres,
> La nôtre a plus de six cents ans.

Espace et temps confondus, nous voici bien près du principe de relativité, cher aux physiciens de notre époque. Espérons, pour la Tour, encore vingt-trois périodes égales à celles qu'elle vient de traverser; alors, elle cumulera; elle aura gardé ses 300 mètres et conquis ses six cents ans.

Nous saisissons malaisément le sens des très grands nombres; il nous faut des comparaisons : la Tour en suggère de frappantes.

Pour la construire, on a utilisé 7000 tonnes de fer, *sept millions de kilogrammes*. Cette quantité n'est-elle pas énorme? Non, elle est relativement minime.

Supposons, en effet, une tour du même modèle, réduite au millième. Chaque longueur, chaque largeur, chaque épaisseur devra être diminuée dans la même proportion. La tourette aura 30 centimètres de hauteur: mais, comme on devra ramener tout au millième dans les trois directions, elle pèsera 7 grammes, autant qu'une feuille de papier à lettres.

Supposons maintenant tout le fer de la Tour rassemblé dans une plaque uniforme, couvrant le carré, de 125 mètres de côté, qu'occupe la base de la Tour. Cette plaque n'aura qu'une épaisseur de 6 centimètres; et ce même fer, fondu dans un gigantesque creuset et versé dans le petit théâtre où nous nous trouvons, n'atteindrait pas une hauteur de 3 mètres.

Au carré qu'occupe la Tour, circonscrivons un cercle qui servira de base à un cylindre de 300 mètres de hauteur. Ce cylindre sera le plus petit qui puisse contenir la Tour tout entière. Son volume dépassera 7 millions de mètres cubes, et l'air qu'il contiendra sera supérieur, en poids, au fer de la Tour.

Telle est la merveille de légèreté que représente la Tour Eiffel ; elle l'est parce que, comme nous l'avons vu, toute la matière y est utilisée dans les conditions les plus rationnelles que le calcul permette d'établir.

*
* *

Aussitôt la Tour construite, M. Eiffel la mit, avec la plus grande libéralité, à la disposition des savants qui désiraient utiliser, pour leurs études, les conditions très particulières qu'elle leur offrait.

MM. Cailletet et Colardeau y installèrent le plus grand manomètre à mercure qui fût au monde, et qui, dans leur esprit, était destiné à servir d'instrument absolu pour le tarage des manomètres réduits employés dans la science et dans l'industrie. Le Dr Hénocque étudia les conditions de l'absorption de l'oxygène par l'hémoglobine avec l'altitude. On fit des expériences de télégraphie optique à grande portée, et on leur rattacha des observations sur l'absorption de la lumière dans l'atmosphère. Ce fut une étape pleine de promesses d'un problème que la télégraphie sans fil a pleinement résolu.

Enfin, par l'initiative de M. Mascart, secondé par M. Angot, on installa, au sommet de la Tour, une station météorologique unique au monde.

Il existait déjà des stations de montagne : le Pic du

Midi, le Puy-de-Dôme, le Säntis, le Sonnblick. Mais, si élevées soient-elles au-dessus du niveau de la mer, ces stations sont voisines du sol, et les observations qu'elles rassemblent ne correspondent pas aux conditions qui règnent dans l'air absolument libre. Tel n'est pas le cas de la station de la Tour. Isolée dans l'atmosphère, elle l'explore dans des conditions de pureté et de netteté qui ne se rencontrent en aucun autre lieu accessible. Et, si l'on songe que cette station est à proximité immédiate du Bureau central météorologique ; que les indications s'y

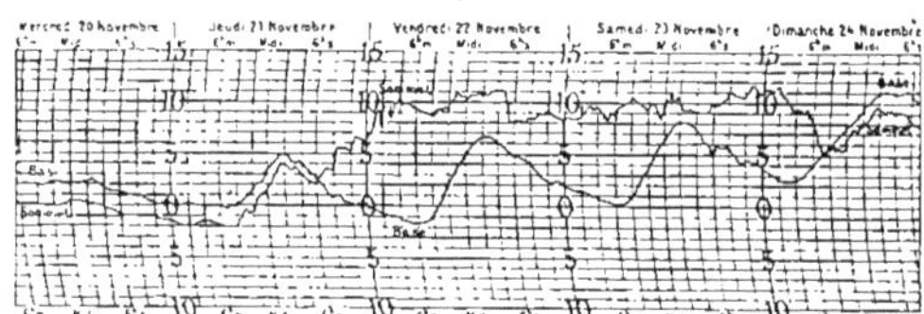

Le jeudi 21 novembre 1889, dans l'après-midi, l'écart normal de température entre la base et le sommet de la Tour subit une inversion qui dura trois jours, et préluda au passage du temps froid et sec à une période pluvieuse.

enregistrent directement grâce aux ingénieux appareils Richard, on comprendra que les météorologistes français possèdent, dans l'installation de la Tour, un inestimable trésor d'investigation scientifique.

Les résultats ne tardèrent pas à en être évidents. Dès le mois de novembre 1889, on eut une inscription bien étonnante : celle d'une forte inversion de température qui dura près de trois jours, et qui annonça, au sommet, un changement de temps que rien ne faisait prévoir au ras du sol[1].

---

[1] En général, pendant la journée, la température est, au sommet, de 3 à 4 degrés inférieure à celle de la base ; pendant la nuit, cette différence s'atténue notablement, de sorte que l'amplitude de la variation diurne est beaucoup moindre près du sol. Dans l'inversion représentée ci-dessus, pendant que la température à la base était de — 1°5, elle dépassait + 10° au sommet.

Puis on compara d'une façon continue l'intensité et la direction du vent au sommet avec sa valeur à la base, et là aussi on eut de grandes surprises. Tandis qu'au sol, un vent de 10 mètres par seconde est un vent considéré

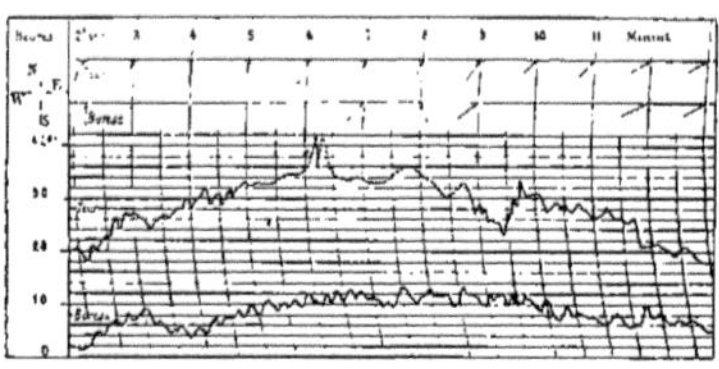

Pendant la tempête du 1er novembre 1894, le vent fut, par instants, quatre fois plus rapide au sommet de la Tour qu'à la base.

déjà comme très frais, on perçut assez fréquemment, à la station supérieure, des vents d'ouragan dont la vitesse était de 40 mètres par seconde ou un peu plus : près de 150 kilomètres à l'heure. On comprend qu'avec des vents de cet ordre, les maîtres de l'air que sont le comte de la Vaulx et le comte de Castillon de Saint-Victor aient pu,

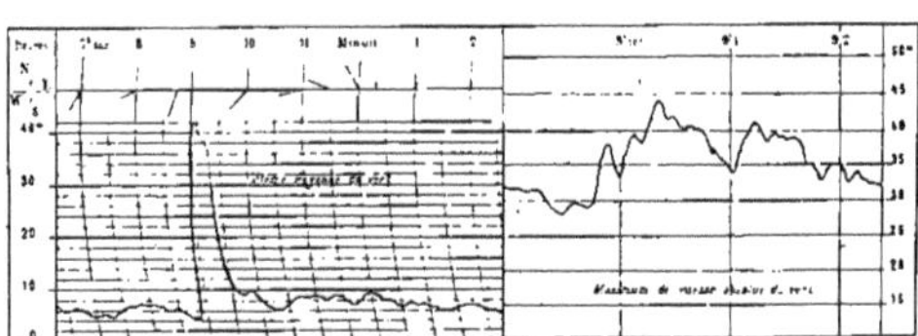

Les orages se signalent parfois par des vents très violents et de faible durée.

d'une traite, aller de Vincennes à Kief, et détenir ainsi pendant plus d'une décade le record de la distance.

Les études météorologiques inaugurées à la Tour ont eu une portée considérable. Elles ont été les initiatrices des admirables travaux poursuivis par le regretté Lawrence Rotch et par notre collègue M. L. Teisserenc de

Bort auxquels se joignit bientôt M. Hildebrandsson. Leur saine curiosité éveillée par les résultats obtenus à une hauteur relativement faible voulut en connaître davantage; et, pendant des années, presque journellement, des cerfs-volants furent envoyés à la recherche des conditions atmosphériques à de grandes hauteurs. Ce fut entre eux une noble émulation; fréquemment, leurs sondages aériens dépassèrent 5 kilomètres, et rapportèrent une riche moisson de faits jusque-là entièrement ignorés.

Puis on voulut aller toujours plus haut. On envoya dans l'atmosphère des ballons sondes, dont MM. Hermite et Besançon eurent l'idée, et dont le colonel Renard donna la formule technique. Les frêles bulles de gaz, montant parfois jusqu'à 25 kilomètres, ont rapporté, de ces prodigieuses hauteurs, de précieux messages[1].

Il y a vingt ans, la météorologie de la haute atmosphère était tout entière à découvrir. Aujourd'hui, les faits se dessinent, bien différents de ce que l'on avait cru pouvoir imaginer. La découverte de la couche isotherme des régions tempérées, dont personne n'eût pu prévoir l'existence, est l'un des épisodes les plus marquants de cette nouvelle conquête.

*
* *

A plus d'une reprise, la Tour a été foudroyée. L'événement était prévu et escompté, et toutes les précautions avaient été prises pour qu'il n'entraînât ni dégâts, ni danger d'aucune sorte. Le contact avec la terre est excellent, et tout l'ensemble est parfaitement conducteur.

---

[1] Tout récemment (décembre 1912), un ballon, parti de l'Observatoire de Pavie, a atteint l'altitude fantastique de 37,7 kilomètres.

La foudre frappant la Tour offre à nos yeux un spectacle de splendeur grandiose. Il semble que, du haut des nues, l'éclair ait cherché sa route, pour fondre ensuite, en une chute brusque, sur son sommet, qu'elle atteint à coup sûr. Attirant sur elle les éclairs, la Tour protège de leur action destructrice tous les monuments qu'elle domine; aucun parafoudre construit de main d'homme ne possède une plus complète efficacité.

Lorsqu'elle est frappée, la Tour résonne, pendant un court instant, comme un diapason; mais on n'a point observé que sa solidité en fût diminuée en rien. Conduisant l'électricité directement au sol, elle ne lui permet aucune des fantaisies dont les éclairs sont coutumiers; tandis que, dans les habitations de pierre ou de bois, les habitants sont souvent malmenés par la foudre, ceux que leurs fonctions retiennent constamment aux divers étages de la Tour n'en ont jamais subi le moindre maléfice.

* * *

La Tour est donc une sonde de l'atmosphère, pour sa température et ses mouvements, ainsi que pour ses charges électriques.

On peut inversement se demander quelle action elle subit de la part des agents atmosphériques, température ou insolation.

Le Service géographique de l'Armée a répondu pour une partie à cette question. Un théodolite installé au sol et visant verticalement, permettait de suivre les mouvements d'un disque fixé près du sommet de la Tour, et sur lequel on avait tracé des circonférences concentriques.

Sous l'action des bourrasques, on vit le disque décrire de petites ellipses, de 10 à 12 centimètres dans le plus grand axe.

31 juillet 1904, 23 h. 40. (Cliché G. Mesmer.)

Le même appareil, placé le lendemain au même point, a donné la vue inférieure
permettant de situer la Tour dans la vue principale.

La chauffe unilatérale par les rayons solaires produit aussi une flexion, mais les lois en sont plus compliquées. La courbe qui vient se refermer le soir sur le point de départ matinal, se développe irrégulièrement le long de la journée, atteignant parfois une élongation d'une vingtaine de centimètres. Nous voilà donc bien loin des embardées dont on a parlé, et qui semblaient mettre en question l'existence même de la Tour.

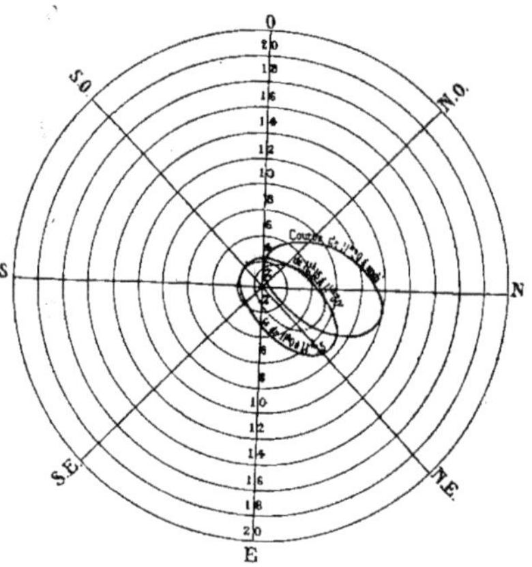

Sous l'action des vents violents, le sommet de la Tour décrit de petites ellipses de 10 à 12 centimètres d'étendue.

Un jour vint pourtant où les prophètes de malheur crurent avoir raison. On vit attacher au sommet des câbles solides, qui, d'autre part, se relièrent à des pylônes érigés dans le Champ-de-Mars. Pourquoi était-ce donc? sinon pour amarrer la Tour, prête à descendre vers la Seine. Une facétie du doux philosophe Alphonse Allais eût pu servir de réponse. Ne conta-t-il pas que les câbles sous-marins avaient été inventés pour amarrer la Grande-Bretagne? Car, allégée de ses mines de charbon, elle commençait à flotter!

Non, les câbles fixés à la Tour ne servent pas à la haubaner ; ils ont un merveilleux usage, que nous connaîtrons dans un instant.

Au sujet des déplacements de la Tour, on se posait depuis longtemps une autre question : Quels sont ses mouvements verticaux ? La réponse resta longtemps différée, faute d'une méthode propre à la donner sans trop de complication. Aujourd'hui, nous commençons à être bien

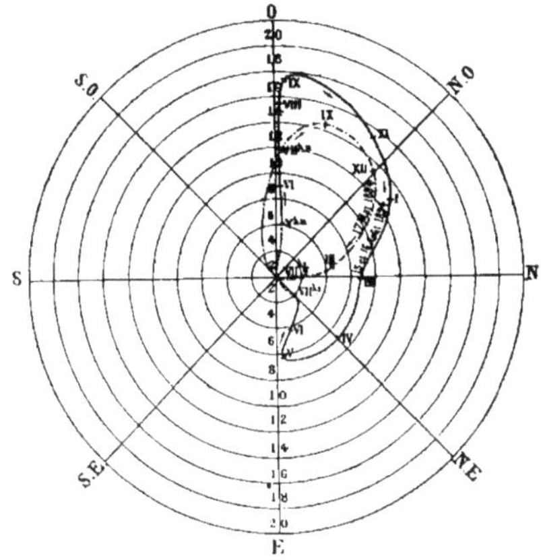

Par l'effet des rayons solaires, la Tour s'échauffe irrégulièrement
et subit une légère flexion.

renseignés ; mais, comme les résultats obtenus sont encore strictement inédits, je prendrai la liberté de les détailler un peu, heureux de les apporter en hommage à cette belle Fête du soleil.

Il existe un alliage de fer et de nickel qui possède la propriété précieuse et bizarre de ne point se dilater par la chaleur. Pour cette raison, on le nomme *invar*, diminutif d'invariable.

Un fil de cet alliage, tendu verticalement à côté de la Tour, offre un repère absolu de longueur, permettant de mesurer les changements de la construction toute voisine.

Pour opérer pratiquement, j'ai fixé le fil d'une part au sol, de l'autre à un levier que porte la deuxième plate-forme, à 116 mètres environ au-dessus du terrain. Ce levier entraîne un enregistreur que notre collègue M. J. Richard a mis fort aimablement à ma disposition ; et ainsi se tracent sans interruption des diagrammes qui

Le fil d'invar (à droite) maintient à une distance constante du sol une extré-mité du levier, porté par la Tour. L'autre extrémité du levier actionne l'enregistreur.

restent comme les témoins irrécusables de tous les mou-vements verticaux de la Tour.

Ces diagrammes sont bien faits pour surprendre. Non que leur amplitude offre rien d'imprévu ; le calcul eût permis d'en établir tout au moins l'ordre de grandeur. Mais on aurait pu penser que l'énorme masse de la Tour s'échaufferait ou se refroidirait lentement, sagement, et que sa dilatation serait représentée par une courbe aux angles très arrondis. Il n'en est rien ; les montées et les descentes sont souvent rapides, parfois brusques. Un coup de soleil, le nuage qui passe, un souffle d'air, provoquent des changements de la température qui s'inscrivent immédiatement; et lorsqu'au milieu d'une journée chaude, une averse survient, la Tour rentre subitement en elle-même. Sa grandeur ne l'empêche donc nullement d'être une sensitive; nous aurions

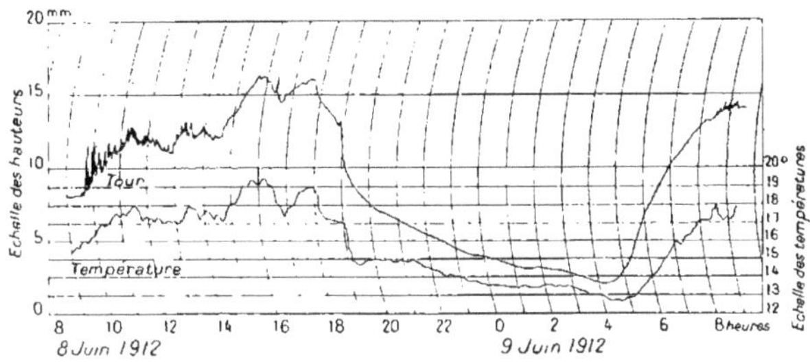

Le jour de Saint-Médard, une averse tombée à 19 heures a brusquement refroidi la Tour.

pu le deviner, la sachant sujette aux coups de foudre.

L'inscription du 8 juin est très caractéristique. Le grand Saint-Médard, auquel cette journée est consacrée, n'a point voulu manquer à sa pleurarde réputation. Vers

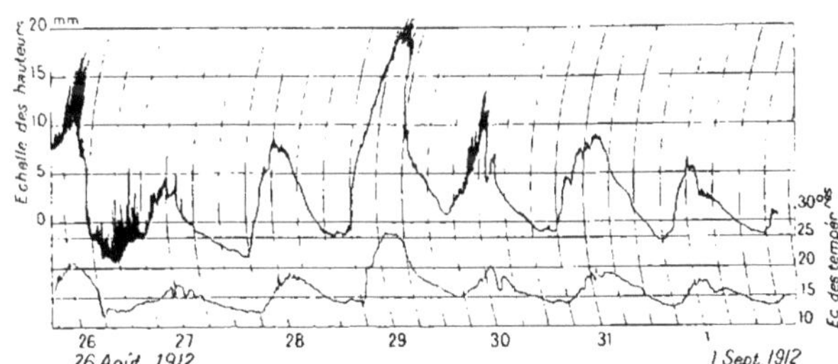

Mouvements de la Tour dans le régime variable de l'été (semaine orageuse).

le soir, il a déversé sur Paris une averse, qui a provoqué une subite contraction de la Tour.

Deux autres diagrammes[1] montrent l'allure bien diffé-

---

[1] Ces diagrammes ont été obtenus postérieurement à la Fête du Soleil; ils ont pris la place de deux tracés du début, moins intéressants.

rente de la température dans une semaine de l'été et dans une semaine de l'automne ; la première est saccadée, la seconde, d'une régularité remarquable. La comparaison avec les diagrammes du Bureau central montre la parfaite simultanéité des changements de la température. La Tour se présente ainsi comme un gigantesque thermomètre, le plus grand du monde, vraisemblablement.

Une particularité des courbes exige un éclaircissement. En certains endroits, elles portent comme une sorte de chevelu. C'est là une inscription parasite, celle du vent,

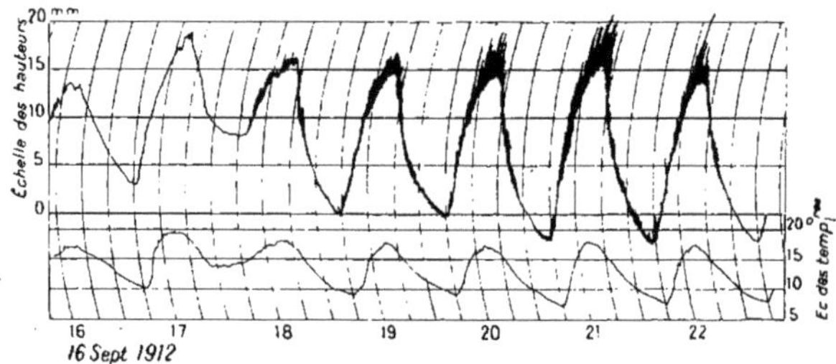

Mouvements de la Tour dans le régime de l'automne (semaine ensoleillée, vent d'est, stabilité).

agissant sur le fil d'invar pour le courber et en diminuer la longueur apparente. Mais le vent présente toujours des moments d'accalmie ; le fil alors se rectifie, et l'aiguille de l'enregistreur redescend sur la courbe vraie de la température, en un mouvement que rend complètement apériodique un disque de plomb suspendu au levier, et immergé dans de l'huile très visqueuse. Loin d'être gênante, cette inscription des coups de vent est instructive ; les diagrammes sont à multiple signification.

*
* *

La Tour a donc, avec l'étude de l'atmosphère, les relations les plus intimes. Elle est également liée à sa conquête.

Lorsque les expériences déjà retentissantes des capitaines Renard et Krebs furent reprises par les frères Renard, le dirigeable *La France*, sortant de son hangar, passa un jour au droit de l'Observatoire de Meudon, à très peu près dans la direction du Champ-de-Mars. Le fondateur de cet Observatoire, le célèbre astronome Janssen, était prêt, à ce moment précis, à prendre une photographie du soleil. Il retourna son appareil, et saisit, en une vue instantanée, devenue classique, le majestueux dirigeable.

Sur cette photographie, la Tour Eiffel brille par son absence. A cette vue de Paris, il manque quelque chose dont nous ne pouvons plus nous passer : le point d'exclamation qui en affirme la grandeur. Pour l'événement qui nous occupe, ce Champ-de-Mars tout nu fixe un recul minimum. Un historien limité à ce document pourrait déjà affirmer que les ascensions du dirigeable *La France* furent antérieures à 1887. On sait que ces expériences, où, pour la première fois, un dirigeable revint systématiquement à son point de départ, ont été faites dans les années 1884 et 1885. Mais on semble l'avoir trop oublié.

Plus tard, la Tour devint, pour les aéronautes et les aviateurs, un poteau de virage. C'est autour d'elle qu'en 1901 tourna Santos-Dumont, dont le dirigeable minuscule, parti des coteaux de Saint-Cloud, y revint sans encombre. C'est vers elle aussi que le comte de Lambert piqua directement lorsque, quittant le champ de Juvisy, il inscrivit une date mémorable dans les fastes de l'aviation.

Depuis que cette héroïque conquête est sortie des tâtonnements du début, depuis que les aviateurs parcourent sans escale de longues distances, la Tour Eiffel est devenue, pour tous ceux qui évoluent dans la région parisienne, le plus précieux des indicateurs. Visible, par temps clair, de 60 ou 80 kilomètres, elle est comme le phare qui guide le pilote aérien, et lui permet un repérage certain de sa route.

Passant près de la Tour, les pilotes de l'air l'ont quelquefois portraiturée. Malgré le vent rapide qui l'emportait, M. Omer-Decugis put en faire une vue excellente; et celle qu'en a prise M. André Schelcher à bord d'un *Zodiac*,

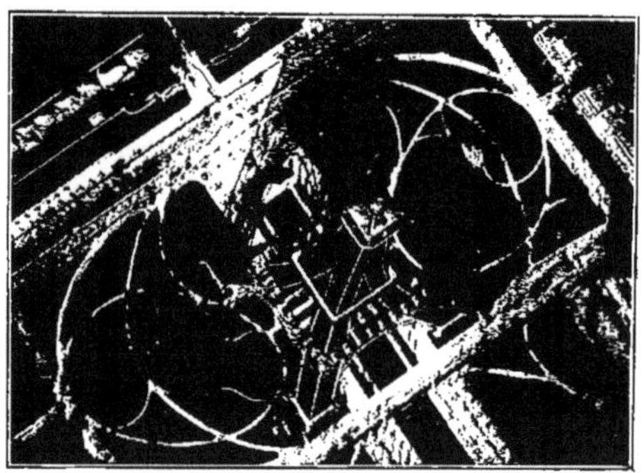

Vue de la Tour prise en ballon, par M. André Schelcher.

la montre sous un aspect inaccoutumé et fort impressionnant.

Souvent, les aéronautes partis de Saint-Cloud sont poussés vers le Champ-de-Mars, et passent, généralement encore à faible hauteur, au voisinage de la Tour. S'ils viennent trop directement sur elle, quelques précautions sont indispensables pour les garer de tout danger.

En général, les obstacles volumineux sont évités automatiquement par les ballons libres, qui les contournent comme font les filets d'air eux-mêmes. Lorsque, partie des côtes de Hollande, Mlle Marvingt, emportée au ras de la mer par un vent furieux, arriva à proximité de la côte anglaise, elle piquait droit et sans défense possible contre une falaise à pic, car elle avait épuisé tout son lest dans une lutte héroïque de toute une nuit au milieu des éléments déchaînés; sans aucun doute, elle eût ressenti un instant d'effroi, si ce sentiment pouvait s'emparer d'elle. Mais déjà le vent gravissait la falaise; le ballon en fit l'ascension avec lui, et il se posa bientôt sur la terre britannique, rudement mais sans accident.

Se voyant arriver pareillement droit contre la Tour Eiffel, notre regretté collègue Mix, accompagné de son ami Alfred Leblanc, eut, avec son clair regard d'ingénieur rompu au sport aérien, la subite vision d'une rencontre imminente, car la Tour est ajourée, le vent la traverse, il ne la contourne pas. Un copieux jet de lest souleva rapidement l'aérostat, qui évita bien juste un contact plein de danger.

*
* *

L'aviation avait été préparée par de longues recherches d'aérodynamique. Le rôle de la Tour y a été fort important.

Dès l'année 1892, MM. Cailletet et Colardeau procédèrent, dans un laboratoire que M. Eiffel leur avait installé à la seconde plate-forme, à des expériences sur la chute de corps légers, abandonnés dans l'air et prenant assez rapidement un mouvement uniforme; les résultats en furent très intéressants. Elles furent reprises en 1905 par M. Eiffel sur un principe tout différend, et poursuivies pendant deux ans, jusqu'en 1907 : une masse pesante glissant le long d'un câble entraînait un plan mobile, qui enregistrait tous les éléments de son mouvement. Les résultats ainsi mis au jour venaient à point nommé;

car, ne l'oublions pas, l'aviation naissante avait besoin d'un guide sûr dans les tâtonnements inséparables de toute nouvelle conquête. Persuadé des services qu'il pouvait rendre à la science de l'air, M. Eiffel voulut faire plus encore ; avec la sagacité et la ténacité qu'il met à toutes choses, avec cette vision industrielle des problèmes qui ne les abandonne qu'achevés, il édifia successivement ses laboratoires du Champ-de-Mars et d'Auteuil, auxquels l'aviation doit tant d'inappréciables documents.

Le plan qui tombe enregistre la résistance de l'air.
(Expérience de M. G. Eiffel.)

A Auteuil, dans un grand tunnel que parcourt un véritable fleuve d'air, on peut placer le modèle réduit d'un aéroplane, et étudier ainsi toutes les conditions de sa stabilité, sans avoir à exposer, dans les aléas des vols d'essai, des existences d'autant plus précieuses qu'elles sont celles des plus vaillants.

* * *

Tant de services rendus, tant de précieux résultats obtenus, auraient dû valoir à la Tour l'assurance d'une longue vie. Pourtant, il y a quelques années, de sinistres rumeurs se firent entendre. On parlait de détruire cette œuvre d'utilité et de réelle beauté. Déjà, les enfants du quartier dansaient à ses pieds sur l'air de « La Tour prends garde ». Et la Tour a pris garde ; elle s'est défen-

due en devenant une nécessité merveilleuse par le secours
qu'elle offre à la télégraphie sans fil.

Ce fut, pour le grand public, une surprise immense,
d'apprendre que l'électricité permettait, sans aucun conducteur, de transmettre des signaux à des distances
considérables. Pour les physiciens qui assistent à la
naissance des découvertes, l'étonnement fut moindre ;
Ampère, Masson, Henry, de la Rive, avaient cherché à

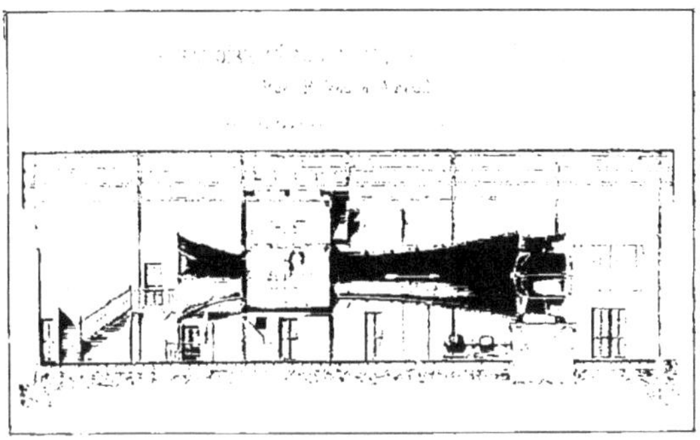

Dans un tunnel de 2 mètres de diamètre, l'air est soufflé à une vitesse
pouvant atteindre 30 mètres par seconde.

déceler l'induction ; Faraday, plus heureux, y était
parvenu, voici trois quarts de siècle ; depuis lors, on savait
transmettre, d'un circuit à un autre, les ondes produites
par les variations d'un courant électrique. Mais il fallait,
pour une télégraphie pratique, augmenter immensément
ses effets, capter les ondes, enfin, les déceler au moyen
d'appareils ultra-sensibles.

A l'accroissement de l'induction sont immortellement
liés les noms de Lord Kelvin, qui lut, dans une expression
mathématique, l'existence des oscillations électriques, et
de Heinrich Hertz, qui réalisa pour la première fois les
ondes courtes, très fortement inductrices.

Pour l'émission et la réception, il faut l'antenne. On en trouve peut-être la première indication dans un mémoire de notre collègue André Broca, passé presque inaperçu. Au seuil de son application, on rencontre les noms de Popof et de Teslà.

Pour découvrir les ondes, Hertz se servait simplement de l'étincelle d'induction, qui les décelait à quelques centaines de mètres de l'appareil émetteur. Peter Lebedef utilisait un couple thermo-électrique, qui mettait en évidence les ondes très courtes et très faibles. Enfin, les propriétés singulières des limailles métalliques fournirent le premier détecteur assez sensible pour permettre des communications à grande distance.

Dès l'année 1885, Calzecchi Onesti avait mis en lumière la chute de résistance produite dans un amas de limaille par le passage de l'étincelle produite par une bobine de Ruhmkorff. En 1890, Branly reprit les études abandonnées par le savant italien, et, se servant de courants d'induction exactement dosés, réalisa des tubes à limaille d'exquise sensibilité. Après d'ingénieuses expériences, Arons donna la théorie de ces phénomènes assez mystérieux; Lodge, à Liverpool, Le Royer et Van Berchem, à Genève, les appliquèrent presque simultanément à la recherche des ondes hertziennes. Et ainsi se trouvèrent constitués, dans le laboratoire, tous les éléments de la télégraphie sans fil.

Les premières expériences sur une grande échelle, celles qui devaient enfin frapper le public, étaient réservées à un jeune ingénieur italien, Marconi, qui, témoin des belles recherches de Righi, un des maîtres de la première heure dans le rayonnement hertzien, le répandit aux distances vraiment télégraphiques. L'ère des grandes applications était ouverte. En France, l'Armée et la Marine s'y intéressèrent simultanément, ainsi que l'Université. Le commandant Ferrié, le commandant Tissot, le professeur Turpain, le professeur Blondel, l'ingénieur Ducrétet, apportèrent à la science nouvelle d'importantes contributions. Bientôt, on abandonna le tube à limailles, auquel on substitua, en Allemagne et en France,

le détecteur électrolytique Ferrié ou les détecteurs à cristaux de Brenot, de Meunier, de Tissot, tandis que Marconi se ralliait au détecteur électro-magnétique.

Les crédits officiels ne deviennent généralement suffisants que lorsque tout est prêt pour les applications; dans la période inévitable des tâtonnements, ils sont mesurés avec parcimonie. Le commandant Ferrié, alors capitaine, avait formé le projet hardi d'utiliser la Tour comme support des antennes. Ce

Le sommet de la Tour
avec les antennes de la station
radiotélégraphique[1].

fut M. Eiffel lui-même qui lui en offrit généreusement les moyens, en se chargeant personnellement de toutes les

[1] Les remous du vent que l'on constate toujours au voisinage du sol n'atteignant pas le sommet de la Tour, le drapeau qui la surmonte indique sans perturbation la direction des mouvements de l'atmosphère. Leur interprétation, souvent utile aux aéronautes, est aisée; en effet, les pieds de la Tour, comme les arcatures soutenant l'observatoire météorologique, sont orientés exactement suivant les points cardinaux: et, pour éviter toute erreur, on a peint en rouge la demi-arcature nord. Depuis que, sur la face sud-est, sont installés les supports des antennes, ceux-ci fixent également une des directions de l'espace.

dépenses d'installation. Les dispositifs du début furent modestes, et nullement comparables à ceux de la puissante compagnie Marconi. Mais la ferme volonté d'arriver, la ténacité dans la recherche, l'ingéniosité dans l'étude des détails, et, pour tout dire, la hauteur de l'antenne, permirent de soutenir vaillamment la comparaison avec les stations plus puissamment outillées. Enfin, la télégraphie sans fil était officiellement installée à la Tour, tandis que les principales unités de la flotte étaient munies d'appareils transmetteurs ou récepteurs d'ondes hertziennes.

On connaît la suite.

Tandis que là-bas, sur les côtes marocaines, une escadre française, sous le commandement de l'amiral Philibert, se tenait aux avant-postes de la civilisation, journellement les signaux partis de la Tour, ou reçus par elle, apportaient à ces vaillants le réconfort, à ceux qui les suivaient avec une affectueuse anxiété la joie de les savoir toujours debout.

Depuis lors, les applications n'ont cessé de se multiplier. L'antenne unique au monde accroît immensément la puissance d'une installation encore modeste. Déjà les signaux portent, dans des circonstances favorables, jusqu'à 6.500 kilomètres; les côtes américaines, le Soudan, l'Oural sont leurs limites ordinaires. Bientôt, elles porteront plus loin encore, grâce à des organes plus puissants; et le temps n'est peut-être pas très éloigné où le monde entier sera atteint par les ondes mystérieuses parties du lieu où nous sommes.

Déjà, maintenant, le service est entièrement organisé pour trois espèces de signaux : les télégrammes officiels, le signal d'heure, les dépêches météorologiques.

Les premiers sont les ordres aux armées ou aux

escadres éloignées de la mère-patrie, aux gouverneurs des colonies qu'aucun câble ne relie aux côtes de France. Chacun en connaît le caractère, ce n'est pas le lieu d'y insister.

Le signal d'heure intéresse plus directement les astronomes. Chaque jour, à 10 h. 45 et à 23 h. 45, des ondes émises à un instant fixé avec précision, et préparées par des signaux conventionnels, envoient l'annonce de l'heure qui passe. Celle-ci est saisie par qui veut : les navires en mer, les observatoires, les particuliers. Un petit récepteur entièrement enfermé dans une maison, pourvu qu'elle ne soit pas en métal, permet, dans Paris, de recevoir l'heure. Des appareils plus délicats la donnent à de grandes distances. Le signal a permis déjà de déterminer des différences de longitudes[1]; et bientôt, une Conférence internationale réglera les conditions de son fonctionnement, sous le contrôle d'un groupe d'observatoires[2].

Ce sera, entre les nations, un lien nouveau, une nouvelle unification. La Tour Eiffel y aura puissamment contribué.

Les dépêches météorologiques sont de deux sortes : les unes sont occasionnelles, les autres, régulières.

[1] Une mission française envoyée aux États-Unis (mars-avril 1913) a pu recevoir régulièrement le signal d'heure à Harlington, près de Washington, et établir ainsi pour la première fois de façon précise la différence de longitude entre l'Ancien et le Nouveau continent.

[2] Cette conférence s'est réunie à Paris le 15 octobre 1912 ; elle a préparé une convention internationale établissant que les principaux observatoires européens contribueront à fixer l'instant précis du signal d'heure, fourni par la Tour, reliée à l'Observatoire de Paris ; qu'un bureau permanent installé à Paris en assurera l'exécution ; que les résultats des observations seront transmis au Bureau de l'Association géodésique internationale pour les conclusions d'ordre scientifique auxquelles elles pourront conduire ; qu'enfin, d'autres signaux, régulièrement distribués dans le temps et dans l'espace, porteront l'heure précise en tous les points du globe.

Les premières donnent seulement le régime des vents au sommet de la Tour; elles sont captées par les centres d'aviation, auxquels elles font connaître l'état de l'atmosphère : vent régulier ou bourrasque; et, pour toute la moitié nord de la France, elles fixent le degré de danger qu'il peut y avoir à s'élever dans l'air, à y rencontrer de ces terribles remous contre lesquels le plus habile aviateur est désarmé. La Tour, ici, est doublement active : observatoire et station d'émission; elle a sauvé déjà bien certainement des vies précieuses; elle le fera plus encore, lorsque l'aviation se sera généralisée davantage, et que l'on connaîtra de façon plus exacte les états réellement dangereux.

Les dépêches périodiques sont émises chaque matin, après le signal d'heure. Elles sont très simples : six groupes de signaux donnent l'état du baromètre et de la mer, avec la direction et la vitesse du vent à Reykiavik, Valentia, Ouessant, la Corogne, Horta, Saint-Pierre-et-Miquelon. Pour chaque station une lettre, puis des chiffres dont l'interprétation est facile, et dont l'ensemble caractérise toute la situation autour de l'Atlantique nord.

Avec leurs connaissances météorologiques, les marins peuvent dès lors prévoir les calmes, les vents, les tempêtes qu'ils trouveront sur leur route, et la modifier si elle offre quelque danger.

Notre collègue M. Angot a bien voulu me communiquer l'extrait d'un Journal de bord; je ne résiste point au désir de vous en donner connaissance.

« *Niagara. — Compagnie générale Transatlantique.*

« 13 mai 1912, à 10 h. 45, reçu très facilement les trois tops de la Tour Eiffel et le bulletin météorologique. A ce moment, nous étions par 40°,31 N et 15°,53 W Paris.

« Une chaudière éteinte pour une marche économique. Le bulletin météorologique indiquant une dépression entre les Açores et le Portugal, on en a conclu à l'existence de vents d'E. très frais dans la Manche; en conséquence, la chaudière éteinte a été remise en pression pour arriver à la date convenue.

« E. COURTEVILLE, 2e Lt. »

Je m'arrête, car rien ne vaut l'éloquence de ces lignes prises dans la réalité des luttes contre l'océan, souvent vainqueur, et dont la science, peu à peu, déjoue les embûches.

De cette histoire en raccourci de la Tour, un sentiment se dégage, que nous partageons tous : celui d'une profonde admiration et d'une sincère reconnaissance pour l'ingénieur illustre qui la construisit, et qui n'a cessé de coopérer, avec une activité non atténuée, à tous les bienfaits qu'elle répand dans le monde.

Pour ceux qui, depuis huit ans, assistent à notre belle Fête du Soleil, ce sentiment se double du souvenir de tout l'intérêt qu'il lui porte, et qui garantit sa pleine réussite.

Puissent les œuvres qu'il poursuit avec un inlassable dévouement lui donner longtemps encore de grandes, de pures, de nobles joies.

RADIOTÉLÉGRAMME MÉTÉOROLOGIQUE

Expédié chaque jour par la Station de la Tour Eiffel

Ce télégramme, expédié chaque matin immédiatement après les signaux horaires émis à 10 h. 45, donne la pression atmosphérique, la direction et la force du vent, et l'état de la mer pour les six stations suivantes :

Reykiavik (Islande), Valentia (Irlande), Ouessant (France), La Corogne (Espagne), Horta (Açores), Saint-Pierre-et-Miquelon (Amérique).

Les observations des cinq premières stations sont celles du jour même, à 7 heures du matin; pour la dernière, ce sont celles de la veille, à 8 heures du soir.

Ces stations sont désignées respectivement dans la dépêche par leur initiale (R, V, O, C, H, S).

Les deux premiers chiffres de chaque groupe indiquent en millimètres la valeur de la pression atmosphérique, en sous-entendant les centaines (700). Les deux chiffres suivants donnent la direction, le cinquième, la force du vent et le sixième l'état de la mer. Cette dernière indication n'est pas donnée dans les groupes correspondants à Reykiavik et à Saint-Pierre-et-Miquelon.

La traduction de ces chiffres en langage ordinaire est donnée par le tableau ci-après.

Toute observation qui manque sera remplacée par la lettre X.

A la suite de ces six groupes, on donne, en langage ordinaire, quelques indications sur la situation générale de l'atmosphère en Europe et notamment sur la position des centres de hautes et basses pressions.

La dépêche débute par les trois lettres B C M annonçant qu'elle émane du Bureau Central Météorologique.

Voici, à titre d'exemple, la dépêche qui aurait pu être expédiée le 5 juillet 1911 :

BCM, R 48167, V 742013, O 753211, C 680411, H 73XX01, S 62162, *anticyclone Europe Centrale beau temps général dépression ouest Islande allant vers Est.*

La traduction des groupes de chiffres se ferait ainsi qu'il suit :
R(eykiavik), 48 (pression 748), 16 (vent sud) 7 (très fort);
V(alentia), 74 (pression 774), 20 (vent SW), 1 (presque calme),
3 (mer peu agitée)...; H(orta) 73, (pression 773), XX (vent pas de
direction), 0 (calme), 1 (mer très belle), etc., etc.

Direction du Vent.

02 = NNE	10 = ESE	18 = SSW	26 = WNW
04 = NE	12 = SE	20 = SW	28 = NW
06 = ENE	14 = SSE	22 = WSW	30 = NNW
08 = E	16 = S	24 = W	32 = N

Force du Vent.

0	Calme	0 à 1 mètre à la seconde.	
1	Presque calme	1 à 2	—
2	Très faible, légère brise	2 à 4	—
3	Faible, petite brise	4 à 6	—
4	Modéré, jolie brise	6 à 8	—
5	Assez fort, bonne brise	8 à 10	—
6	Fort, bon frais	10 à 12	—
7	Très fort, grand frais	12 à 14	—
8	Violent, coup de vent	14 à 16	—
9	Tempête	Plus de 16	—

Etat de la Mer.

0	Calme.	5	Houleuse.
1	Très belle.	6	Très houleuse.
2	Belle.	7	Grosse.
3	Peu agitée.	8	Très grosse.
4	Agitée.	9	Furieuse.

Paris. — L. Maretheux, imprimeur, 1, rue Cassette. — 14001.

18 Avril 1887.
Fondation à l'air comprimé du pilier Ouest.

29 Avril 1887.
Base des soubassements du pilier Ouest.

18 Juillet 1887.
Montage des soubassements du pilier Ouest.

30 Août 1887.
Ensemble du montage des piliers.

7 Décembre 1887.
Montage des piliers et arrivée à la Bascule.

14 Janvier 1888.
Vue intérieure des échafaudages à la hausse.

26 Mars 1888.
Construction du premier étage.

15 Mai 1888.
Montiers au-dessus du premier étage.

12 Juin 1888.
Arrivée au deuxième étage.

17 Octobre 1888.
Montage au-dessus du deuxième étage.

30 Décembre 1888.
Arrivée à l'étage intermédiaire.

7 Février 1889.
Arrivée au troisième étage.

15 Mars 1889.
Construction du troisième étage.

31 Mars 1889.
Achèvement.

La Tour en 1900.